CONTRE-AMIRAL RÉVEILLÈRE

Énigmes

DE LA

Nature

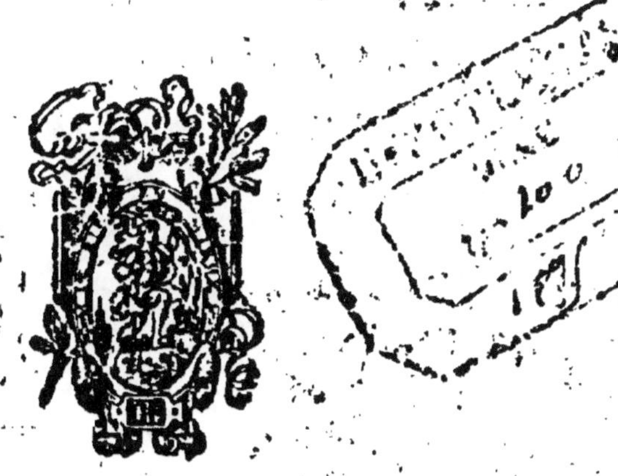

PARIS

LIBRAIRIE FISCHBACHER

33, RUE DE SEINE, 33

1895

ÉNIGMES DE LA NATURE

OUVRAGES DU CONTRE-AMIRAL RÉVEILLÈRE

CONTRE-AMIRAL RÉVEILLÈRE

Énigmes

DE LA

Nature

PARIS
LIBRAIRIE FISCHBACHER
33, RUE DE SEINE, 33

1895

A MONSIEUR MUSANY

Membre d'honneur de la Société des 1

Cher Confrère et cher 1,

Vous m'avez fort gracieusement offert un exemplaire des *Propos d'un Ecuyer*, ouvrage dont la plus grande partie échappe à la compétence d'un marin.

Ce beau livre n'est pas seulement l'œuvre d'un homme de cheval, mais bien encore le fruit des méditations d'un expérimentateur habile, d'un observateur sagace, d'un philosophe.

Ainsi, vous débutez par le chapitre « l'Homme et la Bête », où se pose le problème des dissemblances entre le *règne animal* et le *règne humain*, et vous faites ressortir, avec une évidence convaincante, toute la profondeur de l'abîme creusé entre ces deux règnes.

Comme témoignage de sympathie, voulez-vous me permettre, malgré leur insuffisance, de vous dédier quelques réflexions sur ce grave sujet?

PRÉFACE

I

Brignogan appartient à la ceinture dorée de la Bretagne.

Avec grande raison, on nomme ainsi cette lisière de la côte où l'on peut aisément charroyer le goëmon et les vases marines grouillant d'animalcules, ferments magiques par lesquels des terres stériles deviennent des champs féconds.

Instrument de transformation, la terre rend assimilable, pour nous, la vie extraite du fond de l'océan et nous permet d'en alimenter notre propre vie.

Le sol, légèrement ondulé, s'élève à peine au-dessus de la mer, formant à perte de vue un immense tapis vert parsemé de roches grises. Un simple coup d'œil, jeté sur la mer toute hérissée d'écueils, nous apprend que ses eaux ont recouvert le pays de Brignogan. Le fait ne laisse aucun doute à marée basse, quand le reflux découvre un fond semblable en tout à la terre ferme, si ce n'est que les algues remplacent les champs de blé et les cultures maraîchères.

Si la beauté du site est contestable, l'originalité du spectacle n'en impressionne pas moins vivement. On se sent emporté dans les fantasques régions de l'incohérence et du cauchemar.

Pas d'arbres, mais de tous côtés les rochers gris se dressent comme des témoins de la pauvreté naturelle de ces lieux exubérants, arrosés par la sueur d'homme, enrichis par les dons de l'océan.

*De cette fécondité grasse sortent, çà et là,
des hémisphères réguliers, polis et blancs,
comme d'énormes seins de notre mère la
Terre.*

*Ici, des coins inclinés s'élancent dans l'air,
comme s'ils avaient ouvert, par un violent
effort, la verte écorce du sol.*

*Un vieux marquis de la Restauration,
étendu dans la rigidité cadavérique des
preux de granit sur leurs tombeaux, profile
sa silhouette bourbonienne, rappelant éton-
namment Louis XVI.*

*Une caronade en batterie attend des artil-
leurs, depuis des milliers d'années avant
l'invention de la poudre.*

*Depuis la nuit des temps, de rageuses
tempêtes n'ont point renversé de grosses
boules en équilibre sur des pointes de rochers à peine émoussées.*

*Plus loin, un jardinier antédiluvien a fait
pousser un potiron, dans lequel une nom-
breuse famille se logerait sans peine et pren-
drait à l'aise ses ébats.*

La nuit, on croit errer au milieu de monuments funéraires; et, malgré soi, on évoque les races autochtones, dont, en esprit, on voit, entre leurs tombeaux, les ombres silencieuses glisser graves et solennelles.

Le soir, quand le crépuscule, éteignant les couleurs, ne laisse plus apercevoir que les formes, toutes ces fantaisies pétrées se découpent sur le ciel en prenant les plus invraisemblables aspects.

Le visage encapuchonné, à genoux, prient des capucins de telle taille qu'ils ont l'air, tout en priant, de garder des moutons qui sont tout simplement des éléphants de grandeur naturelle. Plus gros que les éléphants, des crapauds, assis sur leur train de derrière, contemplent les moines.

La tête en avant, le cou tendu, étirant ses ailes, un dragon s'apprête à prendre son vol.

Tous les monstres de l'époque tertiaire se sont donné rendez-vous dans ces plaines.

Les membres de devant repliés le long du corps, dans des attitudes de kangurous,

posés en trépied sur leurs membres posté-
rieurs et leur forte queue, des dinosaures
ouvrent leur formidable gueule de croco-
dile... et l'on entend se faufiler dans les blés
verts les Korigans, ces petits nains chauves et
cornus, à l'énorme cerveau éclatant de ma-
lice — car on est invinciblement porté à
peupler d'êtres étranges ce paysage étrange.

II

En descendant du bourg vers le rivage,
par un effet de perspective, on aperçoit,
presque sur le même rayon visuel, en premier plan un menhir, en second plan une
chapelle, en troisième un phare.

On retrouve ainsi, dans l'espace, l'éche-
lonnement, dans le temps, de l'origine, du
moyen âge, de l'ère moderne.

On passe, en longeant la baie, près d'un
vieux manoir féodal dont trois bastions sont
à peu près intacts. Dans la cour s'élève une

petite chapelle dont le modeste clocher est encore debout.

Chapelle et château féodal seront tombés en poussière, quelque soleil, éclos du génie humain, aura remplacé le phare, et l'antique menhir se dressera jusqu'à la fin des temps comme une énigme éternelle. Il domine tout ce paysage de pierre, et, de partout, on le voit pointer fièrement vers le ciel.

A l'opposite, de l'autre côté de la baie, deux animaux fantastiques échangent leurs confidences.

L'un a l'avant-train d'un tigre sortant d'une coquille de limaçon colossale, l'autre est une prodigieuse tête de corbeau sans corps entre deux ailes à demi deployées. Face à face, dans les ombres du soir et le silence nocturne, ils chuchotent entre eux sur l'origine des choses dans leur impassibilité de pierre.

Ces témoins des premiers âges se content sourdement l'apparition de la vie, d'abord dans l'océan, quand il entourait la planète entière de sa vaste solitude, puis sur la terre émergée en plats îlots épars. Ils se rappellent les combats des premiers êtres, leurs appétits sanguinaires, leur effroyable voracité, et, depuis ces gloutonneries colossales, d'effroyables tueries n'ont cessé d'inonder le sol du sang de tous les vivants. Ils se disent que le premier cri qui retentit sur le globe naissant, comme le premier vagissement de l'enfant au sortir du sein maternel, fut un cri de douleur... protestation inconsciente contre la cause impitoyable qui ne sut faire jaillir du néant que la souffrance.

Dans le lointain, rayonnante émanation de notre intelligence, brille le phare, éclatant témoin des victoires de la science sur la cruelle nature — de cette science si généreuse de puissance et de bien-être — mais incapable de nous donner le bonheur, ni de dévoiler les mystères de notre fin.

Le bonheur, la connaissance de l'énigme finale, ce serait la fin de la lutte ; or, la lutte est notre destinée.

Dominant le paysage, le menhir nous rappelle les croyances de nos pères, pour qui le combat fut notre raison d'être... Il évoque l'antique foi des Bardes, fondée sur la noblesse de la douleur stoïquement supportée, sur la grandeur du sacrifice volontaire, et nous réconforte en nous assurant, comme fin certaine de la série de nos épreuves, le triomphe par la science, la volonté, le courage.

Brignogan, 27 mai 1895.

ÉNIGMES DE LA NATURE

Le Musée de notre bonne ville mérite toute l'attention des savants. Il est fort riche. Les marins, au retour de campagne, se plaisent à le doter de leurs trouvailles.

J'y vais quelquefois; d'abord, j'y retrouve mes dons, et ces dons me rappellent des incidents de ma vie maritime.

Parfois, au milieu de tous ces empaillés, par un retour vers le passé, me trouvant depuis si longtemps en ce monde, je me demande si je ne suis pas empaillé moi-même.

Quand mes regards tombent sur tel animal, perché sur un bâton derrière une vitrine, la vitrine disparaît, et la bête m'apparaît dans son cadre naturel de splendeurs tropicales.

Tel oiseau, tel reptile me font revivre au temps, où le fusil sur l'épaule, je m'égarais dans les forêts vierges, anxieux de retrouver mon chemin.

C'est encore un lieu de réflexions et de rêves.

Tout ce monde immobile, aux yeux vivants de verre, s'anime ; tous ces empaillés bondissent dans une effroyable mêlée, s'entredévorent. La seule raison d'existence de ces êtres est de se lacérer à coups de griffes ou de se broyer à coups de dents.

Et, quand je suis seul dans ces galeries, un souffle railleur murmure à mes oreilles :

Mangez-vous les uns les autres.

Malheur à l'homme qui se laisse absorber par l'étude de la nature, et qui ne sait pas trouver un refuge dans son for intérieur contre la tentation !... La nature lui apparaît infailliblement comme un cirque colossal, où une infinie variété de souffrants s'entre-déchirent pour distraire quelque invisible Néron.

Le conservateur est un de mes amis. Ancien médecin de la marine, il a roulé sur toutes les mers, dans les temps préhistoriques de la marine à voile. Ce doit être un excellent conservateur, car voilà quatre-vingt-cinq ans qu'il se conserve fort convenablement.

Grâce à nos bonnes relations, au Musée, je suis chez moi.

Je vais au Musée pour flâner, pas du tout pour m'instruire. Là, mon imagination bondit du coq-à-l'âne, dans toute l'incohérence du rêve.

A tout seigneur, tout honneur. A la porte, voici des hommes et des femmes empaillés..., c'est-à-dire des momies d'Egypte, enveloppées de leurs bandelettes, près de leurs sarcophages garnis d'hiéroglyphes.

Ces hiéroglyphes nous ont déjà livré bien des secrets.

Nous ne pouvons déterminer avec une grande précision la pensée égyptienne, par la raison que la métaphysique, du temps des Pharaons, à en juger par celle d'aujourd'hui, ne devait pas être bien claire.

Cependant, nous savons ceci : les Egyptiens distinguaient l'âme et le *double*. Le double était lié au corps, et voilà pourquoi ils conservaient celui-ci avec tant de soins. L'âme, indépendante de la dépouille mortelle, vivait derrière le soleil, dans les régions célestes.

Mais le double, qu'était-il ?

Ne dirait-on pas un pressentiment de ce phénomène dont la constatation est si récente : le dédoublement de la personnalité ?

N'y a-t-il pas une analogie lointaine entre cette vieille métaphysique et les données de la science moderne, qui nous reconnaît doubles, et nous décompose en personnage conscient et en personnage inconscient?

Et, de même que les Egyptiens, jadis, tout en distinguant l'âme et le double, étaient assez incapables de définir l'un et l'autre, tout en distinguant le conscient de l'inconscient, nous éprouvons le même embarras quand nous voulons les définir.

*
* *

— Regardez, me dit le conservateur, comme mes axolotls prospèrent dans leur aquarium.

— Ils ont l'air, en effet, de s'y trouver fort bien, ces émigrés des lacs élevés des hautes montagnes du Mexique. La cage de verre dans laquelle vous les avez enfermés, malgré son peu d'étendue, semble suffire à leur activité et au déploiement de leur intelligence.

Dans leur immobilité de faïence, ils ont l'air de réfléchir profondément... Comme le fakir, ils jouissent de la béatitude du nirvana.

— Ils s'aiment, pondent et multiplient. Voyez leurs œufs, au milieu des frêles et moelleuses algues d'eau douce. Je les y laisse jusqu'à éclosion. Il faut les séparer alors des auteurs de leurs jours, qui les gobent avec entrain.

— A l'instar de Saturne et d'Ugolin, sans avoir, comme eux, une excuse.

— Ils ne sont pas les seuls. Les poissons aussi se donnent beaucoup de tracas pour avoir une progéniture, et la mangent fort bien. Nombre d'animaux agissent de même. Si les lapins mâles ne mangent pas leurs petits, ils les tuent pour se débarrasser d'entraves à la fréquentation de leurs femelles. Tant qu'à tuer, autant se nourrir des défunts, comme la truie.

— Eh bien ! et les hommes !... Les Esquimaux en détresse rôtissent parfois leurs enfants ; en somme, ils ont raison, les petits mourraient plus cruellement encore. Les Calédoniens, eux, mangent l'homme par gourmandise... Mais revenons, docteur, à vos stupides axolotls ; vous n'êtes pas embarrassé pour les classer. Vous, c'est votre métier ; mais moi, je ne sais s'il faut les ranger parmi les reptiles, les batraciens ou les poissons. Ils ont beaucoup du têtard, avec les branchies flottantes autour du cou, un joli ornement de porter ses poumons en collier... La nature se plaît à réaliser les conceptions les plus saugrenues. L'axolotl appartient à cette classe d'êtres bizarres, tenant de différents genres, dont se sert, comme moyen de transition, l'évolution créatrice, quand elle éprouve le besoin de changer de direction ou de bifurquer.

— Les axolotls sont curieux à plus d'un titre : profondément brutes, ils saisissent tout ce qui bouge auprès d'eux, et prennent souvent pour un ver la patte d'un de leurs semblables, et l'arrachent. Le mal n'est pas grand, elle repousse. Ce ne sont pas, en réalité, des animaux parfaits, mais des larves. Par une exception étrange aux lois de la nature, ces larves sont fécondes. Quand les lacs où elles vivent viennent à baisser, et que la couche d'eau s'amincit dans les flaques, souvent elles perdent leurs branchies, leur queue plate s'arrondit ; l'animal parfait apparaît alors, on le nomme amblystome. Les larves axolotls ne s'accouplent pas. Le mâle dépose son germe sur une pierre, agglutiné en forme de cône gélatineux, la femelle pose son cloaque sur cette éminence et introduit les zoospermes nécessaires. C'est une fécondation artificielle créée par la nature. Il arrive que les petits tritons de nos mares passent à l'état d'axolotl.

Terminé en cône, un cylindre de peau noire, pendu au plancher, évoque en mon esprit le magnifique tableau des amours des baleines, quand dressées verticalement, la tête hors de l'eau, haletantes, elles s'embrassent de leurs nageoires.

D'après certaines gens, la baleine vit mille ans ; comment diable ont-ils pu le savoir ?..... A ce compte, il en est qui rencontrèrent les barques d'Eric le Rouge quand, à la tête de ses Normands, il découvrit l'Islande, d'où ses descendants partirent pour le Groenland et l'Amérique du Nord, environ trois siècles avant Colomb. Ces aventuriers de la mer étaient vraiment de terribles hommes.

Ce cylindre, d'après certains archéologues, aurait été la forme première sous laquelle les mortels auraient adoré la puissance créatrice, et le menhir en serait l'emblème.

L'amour et la mort, tels sont bien, en effet, les deux pôles de la création.

Mais y a-t-il création ?... Y a-t-il mort ?... Création et mort sont-elles autre chose que les deux faces d'un même fait, l'éternel développement de l'infini dans le fini ?

L'amour, comme la mort, étant une nécessité souveraine, il revêt la forme de la fatalité, et d'une fatalité d'autant plus inexorable qu'il se manifeste plus bas dans l'échelle des êtres.

Un papillon m'a donné un exemple vraiment extraordinaire de la toute-puissance de l'instinct de reproduction.

Le 13 juin, dans un parterre de Brest, un papillon de nuit est piqué sur un tilleul avec une épingle. C'est une femelle. Un mâle s'en approche et s'accouple avec elle dans cette situation cruelle.

Le 16, la femelle opère sa ponte avec un soin minutieux, tantôt allongeant, tantôt raccourcissant les anneaux de son abdomen, tantôt pivotant autour de l'épingle pour ne pas superposer ses œufs.

Faut-il que la nature, dans l'intérêt de sa conservation — la seule dont elle se préoccupe — ait doué les êtres d'un besoin de reproduction énergique !...

Ce besoin, passion dans les êtres supérieurs, instinct chez les êtres inférieurs, se montre d'autant plus impérieux qu'il est plus inconscient.

—Arrêtez-vous devant cette vitrine, me dit mon compagnon, et regardez-moi bien ça.

— Ça, c'est une lyre... qu'a-t-il donc de si merveilleux, votre oiseau ?... Il est fort bien conservé assurément, mais tout le monde le connaît ; pas d'enfant qui n'en ait vu des images. La ressemblance de la queue de ce singulier volatile avec l'instrument favori des Muses est vraiment étrange... la nature l'a drôlement placé. Après tout, c'est peut-être une lyre éolienne qui soupire sous l'action des vents.

— Eh ! sans doute, tout le monde connaît la lyre !... n'importe !... regardez bien celle-ci : quand le temps et la vermine l'auront détruite, elle ne sera pas remplacée ; et nos arrière-neveux, devant sa reproduction fidèle, la prendront peut-être pour une fantaisie d'artiste. Elle a disparu.

— Oui, la nature est femme et artiste, et jamais les lois de Darwin ne rendront compte de tous ses caprices — non que je nie le transformisme, mais il y a un transformateur..... Cette disparition n'a rien qui doive nous surprendre. Le Dronte, qui existait à la Réunion et à l'île Maurice au xviie siècle, a disparu presque de nos jours à l'île Rodrigue. Quand les émigrants des Manaïas se fixèrent en Nouvelle-Zélande, au xve siècle, ils y vécurent d'un grand oiseau plus ou moins analogue à l'autruche. D'après certains dires, c'est à l'extinction de cette race d'oiseaux de boucherie que les nouveaux Zélandais devinrent anthropophages. Voilà, dans un coin, une tête de morse ; on ne le retrouve plus. Je n'ai pas l'âge de Mathusalem, et pas mal d'espèces se sont éteintes depuis que je suis au monde. Heureusement, d'après Lyell, d'autres espèces se créent par voie d'évolution, de sorte que lentement, mais sans cesse, la faune et la flore se modifient avec la physionomie de notre planète.

Voici un plongeon qui me ramène en Calédonie.

Dans un marigot où je me promenais en youyou, avec mon fusil, un plongeon me donna bien de la tablature.

Quelque promptitude que je misse à le coucher en joue, il avait déjà plongé quand le coup partait.

A plusieurs reprises, je l'approchai de fort près. Grâce à la transparence parfaite de la petite crique marine et à l'éclairage (j'avais le soleil dans le dos), je constatai le rôle considérable joué, dans la natation, par les ailes de mon plongeon — en fait, il volait sous l'eau. Dans l'air, il voletait à peine, courant à la surface du marigot, indispensable appui pour ses pattes palmées. Les ailes, alors, fonctionnaient surtout comme les roues d'un bâteau à vapeur ; en revanche, quand il plongeait, elles se transformaient en nageoires excellentes.

En somme, avec ses ailes prétendues, mon plongeon s'élevait beaucoup moins qu'un poisson volant, et ne se montrait point capable, à beaucoup près, de fournir une aussi longue carrière aérienne.

Le sphénisque du Cap est manifestement armé d'admirables nageoires ; elle sont en plume, voilà tout. Ce ne sont point du tout des ailes atrophiées, ce sont de belles et bonnes nageoires. Le corps est très allongé, comme celui des poissons. Quand je regarde ces ailes de plongeon, je suis tenté de donner le même nom aux membres antérieurs de la tortue de mer, car ils se ressemblent singulièrement. On regarde bien, il est vrai, aujourd'hui, les oiseaux comme les descendants de reptiles. Des transitions ininterrompues enchaînent le reptile le plus engourdi à l'oiseau le plus agile.

La nature a épuisé toutes les formes possibles, toutes les combinaisons imaginables. Des mammifères nagent, comme la baleine ; d'autres volent, comme la chauve-souris.

Des reptiles rampent à terre ou dans les eaux douces ou salées. Si le dragon, reptile infime, est plutôt muni d'un parachute que d'un véritable appareil de propulsion aérien, les gigantesques Ptéranodons étaient de puissants voiliers.

Toutes les formes, toutes les combinaisons possibles s'enchaînent sans lacune.

Toutefois, il faut l'avouer, dans l'état actuel de nos connaissances, même au seul point de vue physique, un abîme sépare l'homme des autres animaux.

**

— Docteur, ce sont sans doute des moulages de têtes de forçats qui ornent les corniches au-dessus des vitrines ?

— Oui, quand j'étais étudiant, dès qu'on portait un forçat à l'amphithéâtre, notre premier soin était de mouler sa tête.

— Une belle collection, dont Lombroso tirerait parti sans doute.

— Les marottes se succèdent et se ressemblent. A cette époque on avait la rage de la phrénologie, nous ne jurions que par Gall et Spurzheim. Notre directeur du service de santé, Maher, avait la ferveur d'un apôtre. Je le vois encore, tenant à la main une tête fraî-

chement moulée et s'écriant dans son enthou-
siasme : oh ! la superbe bosse !... impossible
de trouver une bosse mieux caractérisée, plus
conforme à la théorie des maîtres ; c'est, dans
toute sa pureté, la bosse de *l'amativité*. Il
avait ses défauts, sans doute, le possesseur
de cette bosse, puisqu'il est venu s'échouer
au bagne ; au moins avait-il le cœur aimant
et cette qualité si naturelle et si douce, l'amour
des enfants. »

Et, se tournant vers moi :

« Allez donc d'un saut au bureau du com-
missaire et demandez, de ma part, à consul-
ter la feuille matriculaire de ce malheureux. »

Je cours et reviens avec cette réponse :

« Votre homme, à la bosse de l'amativité,
a été condamné pour avoir tué ses trois
enfants. »

Avec la tête moulée, qui se brisa en mille
morceaux sur les dalles, le directeur laissa
échapper le mot de Cambronne, prit son
chapeau et partit sans rien ajouter de plus...
Mais en passant la porte, je l'entendis grom-

meler d'abord : « Il devait être innocent ; » puis il ajouta : « Certainement, il était innocent. »

— En somme, docteur, les forçats diffèrent peut-être moins des autres hommes qu'on ne le croit communément. Cette pensée m'est venue en entendant jaser deux forçats, qui certes ne soupçonnaient pas ma présence. Ils étaient fort émus. Mon attention fut attirée par cette exclamation indignée : « C'est une canaille !... » J'écoutai de mes deux oreilles ; il s'agissait d'un confrère soupçonné de mouchardise. Jamais je n'ai entendu flétrir la délation avec tant de vigueur... Puis, la conversation prit un autre tour... En somme, ils parlaient de *devoir* ... les forçats ont des devoirs entre eux, ils ont leur morale — une morale qui ressemble à la nôtre plus qu'on ne croirait de prime abord — ils la pratiquent dans une société ennemie, vis-à-vis de laquelle nous sommes dans le cas de légitime défense. N'importe, dans le forçat le plus abject, on retrouve une étincelle de l'esprit divin.

Mes regards tombèrent sur un hanneton énorme ; énorme est le mot, car il avait plus d'un pied de long. Cette taille extra-gigantesque me le rendit suspect.

En l'examinant de près, je vis qu'il portait un bouton de cuivre, et, quand je pressai le bouton, l'insecte s'ouvrit en deux ; c'était un modèle destiné aux démonstrations de l'école. Une moitié donnait principalement les organes de la digestion, l'autre ceux de la circulation.

— Un chef-d'œuvre, docteur, votre hanneton en carton-pâte, on y serait presque trompé.

— Vous ne sauriez croire, me répondit en souriant le conservateur, toutes les pintes de bon sang que je lui dois. Il suggère aux visiteurs les réflexions les plus étonnantes, le jeudi surtout. jour où le Musée ouvre pour le grand public. Ce qu'il y a de marins qui l'ont vu, c'est à n'y pas croire... Celui-ci

en Calédonie, celui-là au Dahomey, cet autre
au Vénézuela. Ils décrivent les lieux et les
circonstances où ils l'ont rencontré avec une
telle précision, un tel luxe de détails que j'en
arrive à croire à leur sincérité. Femmes et
enfants écoutent bouche bée... et tout ce
monde s'en va avec la foi profonde au hanneton géant.

— Et voilà comment se forment les légen-
des... A la sortie, les commentaires suivront
ce que vous avez entendu, et l'imagination
ardente des naïfs, toujours assoiffés de merveilleux, dotera votre hanneton de qualités
fantastiques. Sans doute, ces contes invraisemblables ne vont pas loin, de notre temps,
mais il n'en a pas toujours été ainsi.

.·.

— Que voyez-vous sur ce fragment de
schiste ?

— Rien, répondis-je.

— Mettez-le en pleine lumière, et regardez-
le un peu obliquement.

— En effet, je vois l'empreinte, ou, pour mieux dire, l'esquisse d'un tout petit vertébré. Vraiment, les géologues sont gens d'une admirable finesse. Je m'étonne toujours de voir des conséquences philosophiques d'une si haute portée découler, quand leur esprit subtil les éclaire, de faits insignifiants et inaperçus du vulgaire. En groupant des observations de minime importance, prises isolément, comme la presque insaisissable trace laissée sur. de la vase (durcie depuis) par la queue d'un animal disparu depuis des milliers de siècles, ils parviennent à faire revivre dans notre esprit les mondes de ces temps reculés. C'est là un des efforts de synthèse les plus honorables pour l'esprit humain.

— Cette empreinte est celle d'un triton. En ces dépôts schisteux, on a découvert l'existence de ces petites salamandres aquatiques en masses si denses, qu'on attribue la formation du pétrole à la décomposition de leurs petits cadavres.

— De sorte que nous nous éclairons avec les corps d'animaux éteints dans les temps les plus reculés, comme nous nous chauffons avec des plantes disparues depuis des époques non moins lointaines. Plantes et animaux sont, d'ailleurs, de simples intermédiaires. En réalité, nous nous chauffons et nous nous éclairons avec les rayons du soleil d'alors, emmagasinés dans le corps des uns et dans le stipe des autres. Car la vie est de l'énergie solaire transformée.

.·.

— D'où viennent, cher conservateur, ces monstrueuses idoles taillées dans une fougère géante ?

— Des Nouvelles-Hébrides. L'artiste a sculpté la tête de son bonhomme dans le collet de la plante, le corps dans le prolongement du stipe, puis il a profité des racines pour en confectionner les différents membres.

— Sapristi !... Il en est un qu'il n'a pas oublié ; il est vrai que ce sont des dieux. Le premier éveil de l'intelligence se manifeste par l'art ; l'homme naît artiste et imitateur. Quelque informe magot de ce genre fut l'ancêtre des belles divinités grecques. Aussi, je regarde comme un caractère tout à fait particulier à notre race, à nous Celtes, notre aversion instinctive pour la représentation des puissances célestes. La Gaule, au temps de Vercingétorix, jouissait d'une civilisation avancée, sans comparaison aucune avec la sauvagerie des Néo-Hébridais. C'est donc bien par principe que nos ancêtres, avant la conquête romaine, n'ont jamais voulu donner à la Divinité une forme tangible..... Tiens ! le manteau de Pomaré !

— En écorce de mûrier.

— Souple comme une étoffe. Voilà un mûrier qui donne un tissu tout fabriqué, sans que sa sève ait passé par les feuilles dans le corps d'un ver à soie, cette petite machine à filer.

Il ne manque pas d'élégance, ce manteau d'écorce à dessins imprimés, avec ses franges en fils de coco si soignées et ses délicieux rubans tirés du chou-palmiste. Elles ont bien raison, les femmes de la nouvelle Cythère, de se parer encore de ces rubans soyeux et nacrés, d'une légèreté idéale. Comme tout marche en ce siècle !... J'ai le portrait de Pomaré en crinoline et celui de son illustre époux en général anglais. Dans un bal donné par le Gouverneur à Papëiti, j'ai vu des princesses de la famille royale, élégantes comme des Parisiennes, dont les mamans avaient porté la robe en écorce de mûrier, fort disposées, d'ailleurs, à la quitter quand on les en priait, et même sans se faire prier... C'était le bon temps.

.˙.

Devant la vitrine des poissons, cette réflexion m'échappa :

— Je ne sais vraiment qui l'emporte en fantaisie, en étrangeté, de l'insecte ou du poisson.

— Vous avez été en Guyane, me demanda le conservateur?

— Oh! là on trouve, en effet, des citoyens aquatiques bien extraordinaires, depuis le dangereux poisson à mâchoire humaine du Maroni, qui abeilardise les gens nus, jusqu'à l'anguille électrique dont j'ai reçu des commotions violentes.

— C'est le pays des poissons terrestres, car il en est qui s'écartent assez des rivières et des marigots pour mériter ce nom; de petits réservoirs voisins des branchies en maintiennent l'humidité, condition nécessaire de la vie. A mon grand regret, je n'ai pu me procurer un spécimen du plus singulier de tous. Au commencement de la saison sèche, — comme la marmotte en hiver, — il se terre; c'est-à-dire qu'il enfouit dans la vase la partie antérieure de son corps. Il respire alors par une ouverture à laquelle nous attribuons d'ordinaire des fonctions toutes différentes.

—Vous vous imaginez peut-être, reprit mon interlocuteur, que l'homme a inventé le scaphandre, détrompez-vous. L'inventeur est cette ampullaire. Cet univalve aquatique respire tantôt au moyen d'un poumon, tantôt au moyen d'une branchie. Quand il plonge un peu profondément, notre mollusque fait usage de sa branchie ; mais s'il se tient près de la surface, il respire avec son poumon. Dans ce dernier cas, l'ampullaire émet un petit tuyau dont l'extrémité émerge et, par un mouvement de va-et-vient de la tête dans la coquille, mouvement fort analogue à celui de la pompe du scaphandre, elle aspire l'air atmosphérique au moyen de son tuyau et le refoule au dehors après qu'il a traversé le poumon.

Le docteur Bavay, pharmacien en chef de la marine, décrivit le premier, avec exactitude, le mode de respiration des ampullaires.

Les ampullaires montent sur les herbes aquatiques pour pondre leurs œufs agglomérés et à coque calcaire. Elles les placent à une certaine hauteur au-dessus de l'eau ; sans doute, le soleil intervient pour les faire éclore. Les autres mollusques aquatiques pondent sous l'eau. Elles émigrent d'une mare à l'autre, ce sont donc de véritables animaux amphibies.

.˙.

Dans la même vitrine, voisinent comme en Australie, l'ornithorynque et l'échidné.

L'ornithorynque, enveloppé dans une brune fourrure distinguée, donne l'idée d'une loutre armée d'un bec de canard. L'échidné a tout l'air d'un hérisson affublé d'un bec de bécasse. On les soupçonne de s'être appliqué un faux nez.

Cette mascarade animale porte un défi aux classificateurs. Il y a des déclassés dans la nature comme dans la société.

Nos simili-mammifères ne se contentent pas de leur faux nez, ils pondent comme les reptiles, et, pour comble, portent de fausses mamelles comme les femmes plates.

Ils n'ont point de dents (comme en avait l'ichthyornis et divers de ses contemporains), des protubérances cornées, en remplissent les fonctions.

Ce sont, à volonté, des reptiles déguisés en mammifères ou des oiseaux poilus à quatre pattes. Ils tiennent également du reptile, du mammifère, de l'oiseau. Les organes de la fécondation et de la reproduction, par exemple, ont les plus grands rapports avec ceux de cette dernière classe des vertébrés.

Les pattes postérieures de l'ornithorynque sont palmées comme celles du canard et son corps en a la forme. Les pattes de devant sont bien aussi palmées, mais notre polimorphe se tient volontiers sur ses pattes de derrière, comme un bipède, et singe le manchot des terres australes.

En dépit de la ressemblance de l'échidné avec le hérisson et de l'ornithorynque avec la loutre, on ne peut les classer parmi les mammifères.

Déjà Geoffroy-Saint-Hilaire leur contestait

ce titre et refusait, aux soi-disant mamelles
de ces déguisés, la possibilité de remplir leurs
fonctions. Il concluait que l'on avait affaire
à des ovipares.

Les naturels affirmaient qu'ornithorynque
et échidné pondent. En 1835, un voyageur
anglais rapporta quatre œufs trouvés par lui
sur un banc de là rivière Haukbrugh, dans
un creux qu'un ornithorynque venait d'aban-
donner. Il couvait vraisemblablement.

Malgré ses os marsupiaux, l'ornithorynque
n'a pas de poche marsupiale — qu'en ferait-il
s'il couve, — comme semble l'indiquer le fait
de la rivière Haukbrugh? Il n'en est pas de
même de l'échidné; on lui trouva, dans la
poche, un petit, long d'un pouce, imparfait
comme les marsupiaux naissants. Plus tard,
à diverses reprises, on constata que les
échidnés portaient un œuf en poche.

.·.

— La vue de cette araignée, cher docteur,

me donne le frisson. Il me semble que je regretterais d'avoir été tué par une araignée, si toutefois on regrette d'être mort. Cependant, de toutes façons, il est dans notre destinée de devenir la proie d'infimes et sales microbes qui valent encore moins. Le nombre de nos ennemis et de nos maladies est infini comme la bonté de Dieu.

Je me sens tout-à-fait en veine de bavardage, je vais vous conter cette histoire :

En votre qualité de vieux navigateur, vous n'ignorez pas, sans doute, qu'à la Guyane, par les vents de Nord-Est, la plus insignifiante blessure donne lieu, fort souvent, à des accidents tétaniques. A cette époque de l'année, la piqûre de l'araignée-crabe, à peu près infailliblement suivie de tétanos, peut être considérée comme mortelle (1).

Commandant l'aviso l'*Abeille*, je m'étais rendu dans l'Oyapock pour échouer mon

(1) Quand je passai à la Montagne d'Argent, un transporté venait de succomber, en vingt-quatre heures, d'une piqûre d'araignée-crabe.

bâtiment sur un banc de sable, afin de nettoyer sa carène, et nous en avions profité pour remonter en canots jusqu'aux « sauts » de la rivière, très justement renommés dans le pays, et connus sous le nom de Kafé-Soka.

Limite de la possession française et du territoire contesté, l'Oyapock, assez étroit, s'élargit tout-à-coup devant un barrage de roches qui retient les eaux de la rivière à un niveau de plusieurs mètres au-dessus du vaste bassin inférieur, calme et limpide.

C'est un beau décor d'opéra.

Au premier plan, dans le bassin tranquille, flottent çà et là des flocons d'écume blanche. Tout autour, les géants verts des tropiques se mirent dans l'eau, étendant en demi-voûte leurs branches énormes, brodées de riches parasites, festonnées de guirlandes, et d'où pendent, comme des lustres de cathédrales, de longues lianes portant à l'extrémité un gros bouquet de feuilles et de fleurs éclatantes.

Au-dessus du barrage, la rivière s'étrangle ;

par un effet de perspective, les géants verts des deux rives se rapprochent comme pour s'embrasser dans le lointain.

Nous avons remonté la rivière sans rencontrer la moindre pirogue, sans voir l'ombre d'une case sur les berges ; nul vestige de la présence de l'homme ; aussi les regards se reposent-ils avec plaisir sur une œuvre humaine, sous la forme d'un grand blockhaus rond, construit en pierres et recouvert d'un toit conique en tuiles rouges. Après un long parcours dans des pays luxuriants et déserts, on éprouve une sensation de vide, quelque chose comme l'impression pénible causée par le spectacle d'une grande œuvre inachevée. Cette magnifique nature manque de sa raison d'être.

Le blockhaus fut construit jadis pour arrêter les incursions des Indiens du territoire contesté qui franchissaient la rivière aux chutes. Les Indiens disparaissent. La civilisation — prononcez, avec l'accent allemand, syphilisation — les a tués.

Il est fort imposant, ce spectacle des sauts

de l'Oyapock, divisés par les roches, tombant ici en cascade, là, roulant avec fureur dans des couloirs entaillés dans le roc.

L'Indien manque au tableau ; ce paysage l'encadrerait si bien, pêchant à la flèche.

Devant la nature vierge, se réveillent ces instincts sauvages qui sommeillent par atavisme dans le cœur de tout civilisé. Se baigner dans les solitudes, courir nu sur les rochers, ramasser du bois, allumer du feu, faire cuire sa chasse ou sa pêche sous le dôme de la forêt, offre un attrait auquel je n'ai guère vu de gens résister.

A l'arrivée, les embarcations ont été amarrées à la berge, du côté du soleil, à l'ombre ; les cascades entretiennent la fraîcheur de l'air en réjouissant la vue. On est pénétré par la joie de respirer et de vivre. Avec un empressement enfantin, nous avons pris le costume de nos premiers parents, les uns flânant sur les rochers, les autres se baignant, ceux-ci préparant la tambouille. On trouve toujours des volontaires pour cette besogne.

La sagesse des nations dit : on devient cuisinier, mais on naît rôtisseur.

La rôtisserie fut le premier des arts, puisque l'invention des vases pouvant supporter l'action du feu, correspond à un âge de civilisation relativement avancée.

A l'antique définition « l'homme est un animal parlant et sociable », à celle des économistes « l'homme est un animal qui se sert d'un outil », j'avais ajouté au pied des Pyramides :

Les hommes sont des animaux qui s'enterrent.

(L'enterrement est d'ailleurs la première forme de la mutualité, nul ne pouvant se rendre à soi-même ce service).

Cependant, tout bien pesé, je donnerai la préférence à la définition suivante :

L'homme est un animal qui cuisine.

Aussi les moralistes ont-ils pu dire : la cuisine fut le premier effort de la raison humaine, la preuve suprême de la supériorité de notre espèce, le cachet de notre dignité.

La cuisine distingue nettement l'homme de l'animal.

Toutefois, je ne rejette point la définition base du Kantisme : l'homme est sensibilité, entendement, raison.

A mon humble avis, les animaux possèdent l'intelligence, mais non la raison.

La raison, d'après Kant, est la faculté des principes.

C'est-à-dire que si l'intelligence est la faculté de combiner des sensations, la raison est la faculté de combiner des idées.

Comme on l'a dit : l'animal n'a pas la faculté d'abstraire.

L'animal a nos passions. Par nos passions nous sommes de simples animaux, rien de plus.

Laissant de côté ces êtres confus, appartenant au *règne douteux*, confinant au monde inorganique — négligeant les détails, pour nous placer à un point de vue élevé d'où l'on puisse embrasser l'ensemble des choses — nous pouvons diviser le monde

vivant en quatre grandes classes : les végé-
taux, les invertébrés, les vertébrés, l'homme.

Dans le règne végétal, nous constatons
l'instinct — chez les invertébrés, l'instinct,
la passion — chez les vertébrés, l'instinct,
la passion, l'intelligence — dans l'homme,
l'instinct, la passion, l'intelligence, la raison.

Nous nous élevons vraiment au-dessus de
l'animalité par la raison, dont l'instrument
est la Parole.

La Parole donne la vie, l'existence à ces
deux entités : la Raison, la Liberté.

Le Verbe a émancipé l'humanité de l'animalité.

Aussi, *nous hommes*, nous devons consi-
dérer la Parole comme un nécessaire attribut
de Dieu :

Au commencement était le Verbe.....

. . . .

Le costume dans lequel nous vaquions à
nos occupations inspire des idées égalitaires.
Il n'y a plus d'officiers, de commandant, il
n'y a que des sauvages. Mais quand on ren-

tre à bord, la discipline n'a rien perdu à cette familiarité, au contraire.

Un arbre mort, tombé de la berge, projetait horizontalement au-dessus des cascades une longue branche noircie par les intempéries, ornée de champignons, de fougères qui se nourrissaient du bois décomposé par le soleil et la pluie. Tout à l'extrémité, c'est-à-dire à une quinzaine de mètres de la rive, fleurissait une merveilleuse orchidée bleue, juste au-dessus des chutes, en un point où l'eau s'élançait avec fureur, d'un seul jet, par une coupée fortement inclinée, unissant les deux bassins.

Tant pis, docteur, je laisse en plan Kafé-Soka et mon orchidée.

J'y reviendrai. Je me sens tout à fait en train de vous raser aujourd'hui. Donc, je vais ouvrir une parenthèse, très large, mais utile à l'intelligence de mon récit.

Un de mes amis, disciple de Towianski, attribuait au démon le premier rôle dans le monde. Pour être franc, il faut bien convenir que maître Satan semble tenir en nos affaires une bien autre place que le bon Dieu. C'était un homme d'une évangélique bonté et d'une indulgence sans limite..... pour autrui; pour lui-même, il était fort sévère.

Quand on faisait le récit d'un crime abominable, il concluait avec sérénité : « Que voulez-vous?... c'est le démon. » Les plus cruelles 'épreuves le frappèrent — car il fut un des hommes les plus éprouvés que j'aie rencontrés. Dépouillé, victime de vices odieux et d'atroces perfidies, trahi par ceux pour qui c'était un devoir de l'aimer, je ne l'ai jamais entendu proférer la récrimination la plus légère. Avec son inaltérable mansuétude, il innocentait ceux qui l'avaient frappé de son éternel : « Que voulez-vous?... c'est le démon. » Il pratiquait un christianisme élevé; mais, à ses yeux, il n'y avait point de coupables. Le seul coupable était le Mauvais. Les démons commettant tout le mal, tous les hommes, à leur mort, allaient en paradis en ligne droite.

Au fond, c'est la théorie de Rousseau : l'homme naît bon, la société le déprave. C'est la théorie du vieux socialisme qui met (peut-être sans avoir entièrement tort) le crime au compte de la constitution sociale.

Quoi qu'il en soit, et d'où qu'elle vienne, la tentation est un fait. Elle vous étreint à la gorge sans rime ni raison. On dirait vraiment qu'un mauvais esprit vient de passer dans l'air. Elle a son origine dans notre double personnalité : la bête et l'homme, le conscient et l'inconscient. L'homme doit surveiller et commander sa bête, le conscient doit commander et surveiller son inconscient. L'inconscient est un bon serviteur d'ordinaire; dans la plupart des cas, il accomplit ponctuellement la besogne tracée. Mais le subordonné se livre à des écarts quand le supérieur a des distractions; il a même des velléités d'indépendance, et, si le conscient n'y met bon ordre, l'indiscipline de son agent peut le conduire aux abîmes. Le plus souvent, les tentations sont des impressions fugitives dont la raison vient aisément à bout, — tel est, par exemple, un fou désir de l'inconscient d'embrasser dans la rue une femme près de laquelle il passe. Mais, si l'occasion renaît, si l'image se reproduit, l'attention se fixe ; alors l'idée, de fugitive, devient obsédante ; — la lutte prend un caractère pénible, et, pour résister, il faut un sérieux effort de volonté. Quand la chose est possible, le plus sage est de fuir. Car, si la tentation se répète ou se prolonge, l'esclave devient maître ; l'inconscient domine le conscient, la bête *possède* l'être raisonnable... on est possédé, on est perdu.

L'influence du magnétisme humain n'est pas contestable. Un aimant d'acier est entouré d'un *champ magnétique* dans lequel il exerce une force, une action matérielle à distance. Pourquoi un homme n'aurait-il pas deux pôles comme un aimant?... Magnétisme, hypnotisme, tentation sont cousins de la même famille. Deux fois j'ai été étrangement tenté ou hypnotisé, la première fois par un poisson, la seconde par une plante.

J'étais jeune enseigne et j'étais allé voir des camarades à bord de la frégate amirale en rade de Port-au-Prince. A un moment donné, je me trouvais seul sur la dunette, sauf les timoniers occupés à leur service.

En ce temps-là, j'avais de grandes prétentions de plongeur, et, pour tout confesser, ce fut cette vanité qui donna prise à la tentation ... la vanité, le plus bête de tous les vices. Le sot désir d'épater — locution vulgaire, mais imagée — faillit me perdre. Car, en somme, la tentation ne fait qu'éveiller et mettre en jeu une prédisposition mauvaise. Il faisait calme plat, *calme blanc*, comme disent parfois les marins, parce qu'alors la surface miroitante prend des reflets blancs pour les rayons visuels inclinés. Pour les rayons visuels rapprochés de la verticale, au contraire, la mer était si transparente que cinq ou six monstrueux requins (ils abondent dans la baie) se voyaient avec la même netteté que s'ils avaient flotté dans l'air. Par des mouvements de nageoires très lents, ils se maintenaient sous la fesse de la frégate. L'idée ne me vint pas que ces animaux, paresseux quand ils guettent, fondent comme la foudre sur leur proie — remarque importante : dans la tentation, il y a toujours ignorance, faux calcul, erreur de jugement. — Alors me monta au cerveau cette idée absurde : « Si je plongeais au milieu de ces requins ! » Une corde pendait à l'eau, portant à l'extrémité d'un demi-mètre de chaîne l'émerillon garni de lard, mais les requins ne mordaient pas. Quand on en a pincé quelques-uns, les autres se défient. Malgré son extraordinaire voracité et l'exiguité de son cerveau, le requin profite donc de l'expérience.

Et je raisonnais ainsi : « Aussitôt que tu auras plongé, tu saisiras la corde de l'émerillon et tu remonteras hors de la portée des gueules avant qu'elles te happent. Ils sont si indolents !... la corde t'offre une grande chance de salut. » C'est bien là toute la marche d'une action blâmable : le désir mauvais (la vanité) prenant pour point de départ une idée fausse (la soi-disant inertie du requin), s'imagine trouver un moyen plus ou moins aléatoire (la corde de l'émerillon) d'échapper aux conséquences funestes de son action. Qu'il s'agisse d'une absurdité ou d'un crime (qui est presque toujours une absurdité), la marche est la même.

Il y avait au fond de toute cette sottise un sentiment plus noble : celui de braver le danger. Ce sentiment, j'en suis convaincu, se retrouve en tout crime, et, dans une certaine mesure, l'ennoblit. Le criminel renonce aux bienfaits de la société et rentre, à ses risques et périls, dans ses droits de sauvage. Il sait à quoi il s'expose, il n'ignore pas qu'il joue sa tête ou sa liberté. Si sa bestialité le ravale au niveau de la brute, son défi à cette puissance écrasante, la puissance sociale, le relève à ses propres yeux.

Cette considération n'est point de nature à inspirer une lâche pitié : le criminel déclare un duel à mort à la société ; il est juste qu'il en subisse la conséquence. Mais quel intérêt avons-nous à rabaisser un être de notre espèce?... Ne vaut-il pas mieux reconnaître, même dans l'homme déchu, quelque trace de grandeur?

Mes regards ne se détachaient pas des squales. Me cramponnant à la garde de la corne, j'entendais une voix intérieure murmurer : il y a quelques instants à peine, tu faisais le fanfaron, et maintenant, tu trembles.

Et le démon de mon vieil ami soufflait à mon oreille : poltron !...

En effet, par moments, je frissonnais de peur.

Dans l'eau si claire, je voyais les yeux atones des monstres se fixer sur moi (du moins, cela me semblait ainsi), et leur regard (réel ou imaginaire) me fascinait. Ces yeux m'hypnotisaient, suivant une expression et une idée alors inconnues.

Il y avait attraction, hypnotisation, fascination, tout ce que vous voudrez, lutte, en un mot, entre la tentation, d'une part, et l'instinct de conservation, de l'autre ; car la raison ne fonctionnait plus.

Et, tandis que la tentation, de plus en plus forte, me faisait me pencher au-dessus du vide — le vertige commençant à prendre part à cet état complexe — l'instinct de conservation me faisait désespérément serrer la garde de la corne.

J'ai prononcé le mot de fascination ; la fascination est cousine de l'hypnotisme. Toussenel a vu une vipère fasciner un rougegorge qui se précipita sous sa dent. Devant un de mes amis, une grenouille alla en sautillant se faire avaler par une couleuvre immobile. A Cayenne, sous les regards d'un témoin sérieux, un oiseau, manifestement contre sa volonté, descendit de branche en branche se faire engloutir par un grage. A Belle-Vue de la Martinique, une personne, dont la véracité ne peut inspirer l'ombre de soupçon, assista à la scène d'un oiseau voletant avec de petits cris plaintifs avant de s'engouffrer dans la gueule d'un trigono-céphale.

Je me sentais sous une influence de ce genre, quand un de mes camarades me fit sortir de cet état dangereux en me disant :

— N'allez pas tomber à l'eau, vous ne feriez pour ces messieurs que quelques bouchées.

Bien des suicides inexpliqués ont une cause analogue.

Eh bien ! je subis une semblable tentation devant l'orchidée bleue. J'essaierai de traduire mes impressions par ce monologue :

« Voilà vraiment une magnifique orchidée... De loin, elle est belle, mais de près, qu'elle doit être ravissante !... Au fait, si j'allais la prendre ?... La prendre !... en voilà une idée, es-tu fou ?... Vas-tu risquer ta peau pour une fleur ? ce serait trop bête. »

Et je me mets à sauter de roche en roche, cherchant de jolies petites pierres, de petites algues, des insectes. C'est en vain, j'ai beau lui tourner le dos, je pense toujours à mon orchidée.

« Bête ou non, il faut que mon désir s'accomplisse !... Avoir un désir et reculer ne serait pas crâne... C'est vrai, mais crâne ou non, ce serait du moins raisonnable. Seras-tu vraiment assez imbécile pour faire de l'équilibre au-dessus d'un torrent, sur une branche pourrie, dans le but de satisfaire un caprice enfantin ?... Il s'agit bien d'une fleur !... la question est tout autre. Tu as un désir, voilà le fait !... Es-tu homme de volonté ?... C'est ce qu'il faut tirer au clair. La volonté !... avoir la volonté, tout est là... Si on ne s'habitue pas à faire acte de volonté dans les petites choses, on en manque dans les grandes. Tout homme vraiment homme, quand il a un désir, si ce désir ne nuit point à autrui, doit le satisfaire à ses risques et périls !... Si tu n'oses pas risquer ta peau pour une orchidée, qui sait si tu ne reculeras pas demain pour un devoir ?... Il faut apprendre à dompter la peur dans des occasions futiles, pour être fort au moment du besoin. Il faut se rendre maître de ses nerfs et tenir en bride la bête lâche et poltronne qui tremble toujours au-dedans de nous... Oui, tout cela peut être vrai, mais si tu te casses les os, ce sera très bête. »

Et la peur me prenant pour tout de bon, je frissonnais comme si j'eusse été exposé à un danger réel.

Je passai à un autre ordre d'idées :

« Ça montrera à ton équipage que, toi aussi, au bout d'une vergue, tu as su prendre une empointure, et que s'il le fallait..., s'il le fallait, s'il le fallait... Allons, ne cherche pas à t'en faire accroire, tu es un homme mûr, et le temps des bravades est passé pour toi. »

Mais j'étais féru de mon idée ; j'avais beau chercher à m'en distraire en nageant, en herborisant ou en passant en revue les apprêts du festin. rien n'y faisait. Malgré moi, mes regards se tournaient à tous moments vers l'extrémité de la branche noircie où brillait la belle fleur azurée, sur une courte tige, au pied d'une touffe de longues feuilles pointues, d'un vert clair, le tout jaillissant d'un tubercule charnu, nourri du bois décomposé.

Si la branche avait été saine, il n'y aurait pas eu gros danger pour un homme à qui il restait bien encore quelque chose de son ancienne familiarité avec les mâtures ; mais, jusqu'à quel point était-elle pourrie ?

Quand un désir n'est pas étouffé à sa naissance, et que l'objet en reste sous les yeux, ce désir grandit et passe à l'état d'idée fixe. Cette idée fixe, par son expansion, encombre la cerveau, en chasse les autres idées, et bientôt règne seule.

Alors, la satisfaction du désir prend un caractère de fatalité.

C'est à cette période mentale, j'imagine, que le conscient s'efface devant l'inconscient... Pourquoi ?... Comment ?... Ce n'est pas facile à expliquer, cette éclipse de la raison, mais elle est bien réelle.

La raison avait fait ses observations à la bête, et, devant les conséquences possibles de son stupide désir, la bête têtue s'était effrayée, mais sans céder ; maîtresse désormais, elle allait agir à sa guise. La bête enfourcha donc l'arbre avec résolution, puis elle s'avança lentement, évitant avec soin toute secousse, l'instinct de la conservation lui inspirant alors une extrême prudence.

A une vingtaine de pieds au-dessous de lui, le conscient regardait la rivière bouillonnante rouler et lancer en l'air des fusées d'écume contre de noires saillies émergées du fond. Il se disait qu'il avait bien sottement agi en lâchant la bride à son inconscient, mais que, maintenant, il était trop tard pour reculer. Mes matelots me suivaient du regard ; si ç'avait été une bêtise d'entreprendre, c'était une poltronnerie de renacler.

L'inconscient, de son côté, tendait l'oreille... Aucun craquement de mauvais augure ne se faisait entendre dans la branche... Enfin, il arracha la bulbe de l'orchidée et revint avec plus de précautions encore. Ce retour à reculons n'était guère facilité par l'occupation d'une main au transport de la prise.

Le conscient, lui, avec une satisfaction marquée, voyait peu à peu s'éloigner l'extrémité de la branche noire; chaque pied gagné le rassurait.

Quand j'approchai du tronc, je me détournai vers les spectateurs qui, avec une satisfaction visible, me voyaient attérir.

Pour assister au déjeuner servi sur un rocher plat, par décorum nous passons nos chemises. Avec un appétit de renard, nous nous restaurons au bruit des cascades qui trouble seul le silence de l'éternelle forêt inviolée, dans laquelle se succèdent les générations d'arbres séculaires s'engendrant et se nourrissant des débris des morts. Dans la forêt humaine aussi, les générations se succèdent et s'engendrent, vivant de la substance intellectuelle et morale des aïeux, développant l'idée dont l'humanité collective, en son unité, aura seule conscience à sa dernière heure.

Avant de partir, nous visitons le blockhaus abandonné, habité par une de ces bandes de chauves-souris comme on n'en voit que sous les tropiques, où leurs vols forment, au coucher du soleil, d'épaisses nuées. Elles sont là tellement tassées que, pendues par leurs pattes de derrière, elles recouvrent, à l'intérieur, toute la toiture d'une tapisserie compacte de petites têtes émaillées de petits yeux.

Les vampires fréquentent ces parages ; il serait imprudent de dormir sans la protection d'une bonne moustiquaire, suffisante, d'ailleurs, pour garantir des tentatives de ces buveurs de sang.

Patience, docteur, si j'y ai mis le temps, j'arrive à mon araignée.

Nous retournons, accostant aux berges pour cueillir des marie-tambours ; nous n'avons plus les fatigues de la montée, tout doucement le courant nous emporte.

La marie-tambour est une passiflore, liane à tige sarmenteuse enlaçante. Comme toutes les passiflores, elle donne une grande belle fleur dans laquelle on trouve — avec beaucoup de bonne volonté — les instruments de la passion de Notre Seigneur. Sous une sèche peau blanche assez épaisse, revêtue d'un épiderme orangé, elle renferme un mucilage d'une odeur exquise, parsemé de graines. C'est, à mon avis, un des plus délicieux fruits du monde, flattant au même degré le goût et l'odorat. Il faut le cueillir en forêt. D'autres passiflores cultivées donnent des fruits plus volumineux, mais relativement fades.

Un cri général d'admiration et de convoitise s'échappa devant un arbre de la taille de nos plus grands ormes, dont le pied baignait en rivière et dont le tronc, enrubanné des précieuses lianes, était tout constellé de fruits d'or. Plusieurs matelots tentèrent en vain de les atteindre — supplice de Tantale.

Naturellement, nous avions emporté une hache de charpentier.

— Ma foi, dis-je, le plus court est de couper l'arbre.

Aussitôt dit, on met hache en bois.

Heureusement, un mulâtre, nommé Lindor, agent forestier du service pénitentiaire, nous accompagnait.

— Défiez-vous, me dit Lindor, vous n'avez que bien juste le temps de laisser culer.

Je commande « laisse culer », en vérité pour ne pas être désagréable au mulâtre. En moi-même je me disais : Nous avons bien le temps, ça ne nous tombera pas sur la tête sans crier gare !

Bien m'en prit d'avoir écouté le forestier. A peine avions-nous quitté la place que l'arbre, tout-à-coup, sans avoir gémi, sans le moindre ébranlement, s'abattit avec une violence que je n'aurais jamais soupçonnée. Sans Lindor, un malheur arrivait. Si par entêtement, sot amour-propre ou fanfaronnade, j'avais hésité à suivre un avis qui me semblait prématuré, le courant emportait une marmelade d'hommes écrasés dans l'embarcation fracassée... pour quelques marie-tambours !...

Le tronc restait retenu à terre par une

partie de ses fibres ; le canot l'accoste et chacun de cueillir.

Pieds nus, toujours en chemise de flanelle, je sautai, pour faire ma récolte, un peu en dehors des premières branches de la tête feuillue, en grande partie immergée. J'avais de l'eau presque au genou. Lindor et mon lieutenant n'avaient pas quitté le canot.

Je ramassais avec entrain mes fruits de prédilection.

— Sacrebleu, dis-je à mon lieutenant, il ne faut pas que je bronche... une bête me monte le long de la jambe, ce doit être un cent-pieds.

La perspective d'une piqûre de cent-pieds n'est point drôle : il s'agit d'une douleur atroce d'abord et d'un bon accès de fièvre après.

— Il monte doucement. Je sens ses griffes.

Aussitôt je dressai mon plan. Évitant avec un soin méticuleux tout mouvement brusque, j'appuyai fortement ma flanelle sur la peau, un peu au-dessus du genou, sur le chemin de mon ennemi.

Quand la bête aurait passé de la peau sur la chemise, je verrais à m'en débarrasser.

A certains moments, les pensées se pressent dans le cerveau avec une étonnante rapidité. Ce plan me fut suggéré par une histoire dont j'avais souri ; peut-être bien dois-je d'être de ce monde au joyeux narrateur qui me l'a contée.

Un cent-pieds, ayant fait une ascension dans le pantalon d'un matelot, s'était arrêté au bas ventre. Le matelot se déshabilla avec des précautions extrêmes ; alors un de ses camarades mit doucement, devant le myriapode, un bâton sur lequel grimpa l'horrible insecte.

Le mien continuait sa marche lente et je sentais ses petites griffes pénétrer dans mon épiderme.

Personne dans l'embarcation ne bougeait, il s'était fait un grand silence, la curiosité braquait sur moi tous les regards. Subitement, la terreur se peignit sur les visages et quelques bouches laissèrent échapper ce mot : une araignée crabe !

Moi je me dis : mon bonhomme si tu perds la boussole, tu es flambé.

Comme je l'ai dit, l'eau affleurait un peu au-dessous de la rotule ; au-dessus, ma chemise pressait la peau.

Peut-être l'araignée était-elle abasourdie de son bain ? J'y ai songé depuis... Peut-être faut-il attribuer à son ahurissement de demi-noyée sa lenteur et la débonnaireté de sa conduite.

Toujours est-il que le temps qu'elle mit à franchir ces quelques centimètres me parut long. J'éprouvai un grand soulagement quand je la vis sur l'étoffe. Je fis alors un plongeon à toute vitesse et jusqu'à perte d'haleine, comptant bien me débarrasser ainsi de mon odieux compagnon... pas du tout, quand je revins à la surface, il avait tranquillement cheminé sur ma flanelle.

Il faut croire que j'avais dépensé la somme d'intelligence et d'énergie dont je puis disposer à un moment donné ; car je n'imaginai rien de mieux que de recommencer mon plongeon.

A ma seconde réapparition, la bestiole avait imperturbablement continué sa marche lente et continue... elle approchait du cou... je ne savais plus trop où j'en étais, quand Lindor me fit signe d'approcher ; d'une vigoureuse chiquenaude, il fit sauter l'araignée à la rivière.

C'était bien simple.

Toujours l'œuf de Christophe Colomb.

N'importe, en un quart d'heure, l'agent forestier avait été deux fois ma Providence.

— Jamais, me dit le docteur, je ne passe, sans m'arrêter, devant ce magnifique squelette de gorille ; vous avez fait au Musée, un don d'une valeur inestimable.

— Oui, ce squelette est ma gloire et je compte sur lui pour nous conserver de concert dans la mémoire des hommes.

Je l'acquis au Gabon en 1858.

Dans une pirogue conduite par des nègres

presque nus, il m'apparaît encore assis, montrant son torse énorme, les bras pendants à l'eau. Il avait l'air d'un vieillard de dix pieds. Quand on le hissa avec un palan au bout de la grand'vergue, et que ses membres inférieurs sortirent de l'embarcation, j'éprouvai un vif désappointement à l'aspect de ses jambes si courtes. Le colossal vieillard retombait à la taille réglementaire du soldat. Quelle étrange disproportion (du moins en nous prenant nous-mêmes pour terme de comparaison) entre ces membres supérieurs de géant et ces membres inférieurs de nain, munis d'ailleurs de mains de la taille d'un gant d'arme. Un thorax d'une largeur et d'une puissance extraordinaires surmonte un gros ventre de Bouddha. Il faut avoir vu un gorille, le bas du corps caché — ce bas de corps tout bestial — pour comprendre combien il a ainsi l'air d'un homme. Mais dès que les membres inférieurs apparaissent, l'horrible ressemblance s'évanouit. L'être humain prodigieusement agrandi fait place à la brute.

Il n'était pas beau, notre cousin, avec ses yeux profondément enfoncés sous des arcades sourcilières proéminentes (comme celles de l'homme préhistorique de Neanderthal et de Robert Bruce, le héros écossais), son nez épaté, son mufle puissant, sa large gueule formidablement armée de robustes canines de carnivore.

C'était un mâle, et l'extrême parcimonie de la nature, à son égard, me rappela la réflexion d'une grande et honnête dame causant avec Brantôme devant une statue d'Hercule vêtu de sa massue.

Je regrette bien de n'avoir pu me procurer une de nos cousines. Voilà deux crânes récemment arrivés, mâle et femelle, quelle dissemblance !... Combien le crâne femelle est plus petit, les reliefs moins accusés, les os moins anguleux. Ces dames ne possèdent point la très remarquable crête osseuse de leurs époux, destinée à l'insertion du temporal. Avec un muscle de ce volume pour opérer la fermeture des mâchoires, le gorille dispose d'une paire de cisailles d'une effroyable puissance. Les dames ont les canines relativement petites. Comme chez nous, le beau sexe gorille, inférieur en force, doit régner par la ruse et la grâce.

La différence entre les bimanes des deux sexes est sûrement moins accentuée.

En tous cas, dans les ménages gorilles, on ne peut accuser l'épouse de porter les culottes.

La nature, prodigue à leur égard, les habille gratuitement sans leur ménager l'étoffe. Sur leurs longs poils, les pluies torrentielles des tropiques coulent sans parvenir à la peau.

Heureux maris !... ils n'ont point à peiner tout le jour pour payer la toilette de leurs femmes, ils ne redoutent point les conséquences cornues de la toilette, cette cause si fréquente du désastre conjugal.

Comme les gorilles n'ont point volé de pommes dans le paradis terrestre, forts de leur innocence, ils ont quitté l'Eden sans éprouver le moindre besoin de voiler leur pudeur. Aussi, rien ne trouble leur quiétude dans la forêt. Ils ignorent le crime, le crime dont la femme est toujours le mobile, suivant la sagesse des nations, comme le mobile de la femme est toujours la parure.

Le vêtement, c'est la livrée du mal ; le poil, c'est la robe de la vertu.

Comme le monde ressemblerait peu au monde que nous connaissons, si la nature nous avait dotés d'une bonne fourrure.

Rien de cette chose abominable que nous avons décorée du nom de civilisation, si le bon Dieu, généreux envers nous comme envers nos frères des bois, avait bien voulu nous servir de tailleur.

C'est là un sujet de profonde méditation.

Diderot s'est appesanti sur l'influence énorme de la feuille de vigne dans les affaires humaines. Il en a signalé le rôle capital dans l'éducation de la femme, dont le grand souci est de la bien porter.

L'homme naît glabre — là gît la différence essentielle entre lui et les autres mammifères ; l'auteur de cette incompréhensible énigme qu'on nomme la nature lui a refusé le poil. Comme fiche de consolation, il lui a donné l'intelligence.

Sans doute les animaux muent, ils ont leur toilette d'été et leur toilette d'hiver, mais quelle différence entre ce vêtement fixe et le paletot qu'on accroche dans le vestibule avant d'entrer au salon. Cette faculté de se vêtir et de se dévêtir a permis à l'homme d'habiter tous les climats ; elle lui a permis de s'adapter à la vie de la mer, de la plaine, de la montagne aux neiges éternelles, à l'existence des tropiques et des contrées polaires.

— Le poil, l'humble poil, reprit le vieux conservateur, est peut-être l'écueil le plus sérieux sur lequel ait échoué le darwinisme. Le pelage protège l'individu contre le froid, mais surtout contre la pluie. Cette protection eût été, pour le sauvage, d'une grande utilité ; donc, la sélection naturelle n'a pu produire la nudité de l'homme, car il est de l'essence de la sélection de ne produire que des modifications avantageuses...

— Et nous ne connaîtrions ni les lycées, ni le despotisme, ni les révolutions... Heureux les singes ; ils ne vont pas à l'école, et jamais on n'a cherché à leur apprendre le latin.

— Et je conclus : si nous avons les singes pour ancêtres — ce qui est bien possible après tout — un autre principe que la sélection a contribué à transformer les singes en humains.

— Sont-ils si transformés que cela, docteur !!! On ne trouve, me semble-t-il, le gorille nulle part ailleurs qu'au Gabon ?

— Pas ailleurs : fait absolument conforme aux lois les plus positives de l'histoire naturelle ; plus un animal est élevé dans l'échelle des êtres, plus son habitat est limité. En tout ce qui concerne son organisme, l'homme est assujetti aux lois de tous les vivants. Nous pouvons donc affirmer, sans crainte d'erreur, que l'espèce humaine, à son origine, comme aujourd'hui le gorille, s'étendait sur un espace fort restreint. Elle a dû faire son apparition, nous ne savons comment, sous un climat chaud pour se répandre de là sur toute la terre.

— Grâce au vêtement. Le vêtement, c'est tout l'homme. Quoi qu'on dise, l'habit fait le moine. Sans le vêtement, la femme est une guenon. Si nous avions eu des poils, nous n'aurions pas construit d'habitation pour nous, ni par suite pour nos dieux. Pas d'architecture, pas d'art. Le bien et le mal se cachent sous le vêtement. La Bible n'a jamais émis plus grande vérité.....

Il ne sentait pas bon, mon cousin, car depuis 48 heures, il avait rendu son âme à Dieu. Que deviendra cette âme à sa prochaine réincarnation ?... Mystère. Pendant qu'elle sommeillait dans le sein de l'éternel, en attendant un rêve nouveau dans un monde ignoré (car nous avons une double existence : une existence réelle dont nous ne pouvons nous faire aucune idée, une existence successivement rêvée dans des mondes divers... nous appelons vie un de ces rêves), son enveloppe se décomposait. Les cadavres pourrissent très vite dans la chaude humidité du Gabon. Ce ne fut pas une opération de petite maîtresse, d'écorcher ce cousin très faisandé.

Je n'eus pas grand'peine à extraire la cervelle, elle était tellement avancée qu'elle coula presque naturellement par le trou occipital. Quelles pensées fermentèrent jadis dans ce liquide infect?... ce deliquium est-il vraiment tout ce qui reste de l'âme noble et fière de l'homme des bois?

— Elle n'était pas bien considérable, reprit le conservateur, cette masse encéphalique, car dans ces têtes monstrueuses de gorille, la capacité crânienne n'est guère que le tiers de celle de l'homme. Si nous comparons entre eux les poids de la cervelle des divers animaux, nous trouvons que ces poids dépendent de la masse corporelle et de l'intelligence, ce dernier facteur étant, de beaucoup, prépondérant.

Les dix kilos du cerveau de la baleine, montrent l'influence de la masse, les cinq kilos de l'éléphant montrent l'influence de la masse et de l'intelligence. La comparaison des quatorze cents grammes de cervelle humaine, avec le poids si extraordinairement inférieur de l'encéphale des animaux de taille plus ou moins analogue, prouve combien le facteur de l'intelligence influe sur les dimensions crâniennes.

— Vous aurez beau, docteur, disséquer des cerveaux, vous n'y comprendrez jamais rien. Le cerveau se présente comme un appareil de transformation de vibrations ; par les organes des sens, il reçoit les vibrations du monde extérieur et les restitue à ce monde extérieur après les avoir transformées. Nous voilà bien avancés. Le cerveau (là est le mystère et la merveille) a conscience du travail qu'il opère. Cette conscience du travail mécanique de l'encéphale, commune aux animaux et à l'homme, nous sommes bien obligés d'en reconnaître l'existence et de lui donner un nom. Nous l'appelons âme. La conscience animale est le fondement de la conscience humaine. Peut-être l'âme animale est-elle une âme humaine encore à l'état embryonnaire?

Peut-être l'âme animale est-elle la substance première de l'âme humaine?... Mais combien cette conscience animale, dans le principe quasi-automatique, devient déjà admirable quand elle se complique du phénomène de la volonté, — faculté commune encore aux animaux et à l'homme, — volonté animale qui devient volonté humaine ou volonté libre. Par l'écart énorme que nous trouvons entre le cerveau animal et le cerveau humain, nous sommes conduits à cette hypothèse :

La majeure partie de notre cerveau est consacrée à l'appareil nécessaire au fonctionnement de cette faculté complexe à laquelle nous avons donné le nom de liberté humaine.

Quoi qu'il en soit, qu'il se passe de vilaines choses, mon Dieu, dans ce merveilleux appareil !...

Si je compare le gorille aux nègres près

desquels il vit, je ne puis contester sa supériorité morale. Ce serait navrant de conclure
qu'il est meilleur parce qu'il est moins intel-
ligent ; mais ne tombe-t-on point dans la
tentation de regretter l'innocence de la brute,
quand on voit l'homme employer son intelligence comme les Dahoméens ?

Peut-être l'âme du gorille doit-elle passer
par l'état de Dahoméen avant de devenir une
âme humaine ?

— C'est bien possible. Mais permettez-moi
de ne point vous suivre dans cette voie et
de rester sur un terrain moins problématique.
Certainement, la qualité du cerveau doit jouer
un grand rôle ; le cerveau d'un Bonaparte
n'est pas de substance identique à celui d'un
gorille. Mais, sans rien préjuger sur la qualité,
nous pouvons affirmer, sinon la prépondé-
rance, au moins la très haute importance de
la quantité. Ce fait a des conséquences con-
sidérables, car si le gorille a un si petit cerveau, l'homme préhistorique a la même
capacité crânienne que nous. Il semble donc

que l'homme, aussi haut que l'on puisse
remonter le cours des temps, a toujours dis-
posé de l'appareil dont nous avons besoin
pour les fonctions si étendues, si multiples,
si variées de l'heure présente. C'est là assurément une objection grave pour le darwinisme pur : en effet, la sélection ne développe que
les organes dont nous avons besoin... un cerveau un peu supérieur à celui du gorille eût
suffi, semble-t-il, à l'homme pré-historique.

— Qui sait, docteur ?... peut-être fallut-il
plus de génie aux inventeurs du silex taillé
et de la pierre polie, surtout à l'inventeur du
feu, qu'aux Galilée et aux Descartes ?... D'ordinaire le gorille marche à quatre pattes, c'est
ainsi qu'il court ; il s'appuie sur ses mains
de derrière et sur ses mains de devant fermées.
Les noirs le disent, mais les callosités de la
deuxième phalange le prouvent ; c'est, en
effet, cette seconde phalange qui supporte
dans l'ambulation la plus grande partie du
corps. Le gorille se redresse pour combattre;
debout, il est effrayant.

— Il n'y a pas à soutenir le contraire, ce grand singe est autrement adapté que nous à la vie sauvage ; si la sélection naturelle avait seule fonctionné, elle se serait arrêtée à cet anthropomorphe si merveilleusement outillé pour vivre dans les grands bois. De tous les êtres, l'homme est le plus désarmé ; glabre, il est en butte aux intempéries.

— Je ne regarde jamais ce squelette, mon cher conservateur, sans qu'il éveille en moi un sentiment de tristesse, le souvenir douloureux de mon coopérateur dans sa préparation, le médecin major de la *Zélée*... Pauvre docteur ! bien peu après il mourait dans une épidémie de fièvre jaune, en faisant dignement son devoir ; un brave cœur. Pauvre *Zélée !*... quelle déchéance ! faire le métier de transport au Gabon, après avoir eu l'honneur d'accompagner Dumont d'Urville dans ses découvertes au pôle sud !... Il n'en reste plus rien maintenant ; dans les cheminées de l'arsenal, elle a chauffé les tibias des bureaucrates... Ainsi de nous !...

Après avoir écorché notre cousin, nous le dépeçâmes avec autant de soins que quelques amants en mirent naguère à désosser leurs maîtresses, et nous en fîmes bouillir les fragments dans la vaste chaudière du calfat que nous avions transportée à terre.

Nous opérions au bord de la mer, à l'ombre de la puissante végétation tropicale.

Nous déposions les os dans la marmite après les avoir grossièrement dépouillés de leur chair dont nous jetions les lambeaux sur le sable. Des kroumen arrivèrent, attirés par la curiosité, peut-être par l'odeur. Ils ramassaient tous ces débris de viande pourrie en paquets serrés avec des lianes, manifestant, par des chants et des danses, toute la joie que leur causait la perspective d'un copieux festin.

Tout entiers aux préoccupations de notre étrange pot-au-feu, nous ne songions plus à la peau détachée avec tant de minutie. Nous l'avions étendue à sécher au soleil ; deux kroumen s'assirent dessus dans leur costume quasi-adamique, pour attendre de nouveaux lopins. Tout à coup je les aperçois... ce spectacle m'arrache un hurlement... trop tard !... les kroumen se lèvent, laissant à leur place deux marques blanches en forme de cœur. Il y avait eu transposition : du cuir du singe, les poils avaient passé sur celui des kroumen.

La précieuse enveloppe de mon cousin était perdue.

Avec une brosse et de l'eau, nous enlevons les poils qui ne tenaient guère. Sous son vêtement de fourrure, il avait la peau très blanche, l'homme des bois, une vraie peau humaine, une peau d'européen. La ressemblance avec l'homme devint alors stupéfiante, horrible. C'était une vision de cauchemar, ce visage pâle au large mufle, à la bouche énorme, avec deux mignonnes petites oreilles de jeune fille au lobe parfaitement détaché.

Et maintenant, voilà sous verre le squelette de ce roi des forêts de l'Equateur africain, si fort, disent les noirs, que d'une tape il arrache l'écorce des arbres. D'après les Gabonnais, les gorilles enlèvent les femmes comme s'ils étaient des Romains et les négresses des Sabines. Quant aux hommes, ils les empalent sur des cactus, si bien décrits par leur nom de *cierges épineux*.

— Un jour, reprit le vieux conservateur, une gentille étrangère s'arrêta longuement devant la vitrine et lut cette inscription :

DON DE M. RÉVEILLÈRE

ENSEIGNE DE VAISSEAU. 1858

Après réflexion, elle se tourna vers sa mère qui l'accompagnait et lui dit : « Oh ! maman, quelle drôle d'idée a eu cet enseigne de donner son squelette au Musée. »

Voici l'innombrable tribu des insectes, où l'on trouve la plus sale plèbe de la création et les plus ravissantes fleurs animées. Est-il assez étrange, ce monde de petites machines vivantes qui exécutent quasi-inconsciemment, sans raisonnement à coup sûr, des travaux si compliqués! Ces petites machines n'ont pas d'encéphale. Le système nerveux ventral suffit à la satisfaction de tous leurs besoins, à l'épanouissement de toutes leurs passions. Ils aiment, évitent leurs ennemis, éprouvent de la colère. Leur vie passionnelle est, en somme, assez analogue à la nôtre. Matière à réflexion. Plus les animaux se rapprochent de l'homme, plus l'instinct se subordonne à l'intelligence. Sans doute, l'instinct accomplit de véritables merveilles, mais, tout compte fait, si compliqué qu'il soit dans l'œuvre des fourmis et des abeilles, accomplit-il de plus étonnants prodiges que ceux dont nos organes intérieurs sont les acteurs inconscients? D'autre part, ces petites machines autonomes sont très passionnées — observation tout à fait favorable à l'opinion des anciens et des peuples ignorants, opinion d'après laquelle ils placent le siège de nos passions dans des organes auxquels nous attribuons des fonctions simplement végétatives.

Si les premières lueurs de l'instinct apparaissent dans le règne végétal, c'est certainement chez les insectes annuels qu'il brille du plus vif éclat. On le trouve pur de tout mélange chez ces petits êtres qui accomplissent des travaux si étonnants, pour une postérité qu'ils ne connaîtront jamais, sans avoir rien appris de parents qu'ils n'ont jamais vus.

Est-il assez varié, ce monde des insectes, depuis le papillon aux ailes éblouissantes, palettes sur lesquelles la nature a déposé ses plus brillantes couleurs, jusqu'à ces malins qui, pour cacher leurs complots, se déguisent en feuilles sèches ou en brindilles de bois !

Quand je passe quelque temps dans un musée, la fatigue m'envahit, et, avec la fatigue, le cauchemar. Le tigre me déchire, le boa m'enlace ; toute une légion d'infimes malfaisants picore dans ma cervelle.

Abasourdi, je fuis dans le jardin pour respirer le grand air au milieu des innocentes splendeurs de la placide nature végétale, et je dis parfois en sortant :

« Avouez, mon cher conservateur, que le bon Dieu a une imagination du diable. »

. . . .

. . . .

Qui nous donnera la solution du problème posé par la contradiction désolante entre la cruauté de la nature et notre soif de bonheur?

La vieille doctrine druidique de l'ascension indéfinie des êtres, par la lutte et le combat, dans la série sans fin des existences successives, est encore la plus conforme aux besoins de notre raison, sans pouvoir entièrement la satisfaire.

Cette consolante hypothèse n'infirme point — loin de là — la parole libératrice :

« **Car le Royaume des Cieux est au dedans de vous** ».

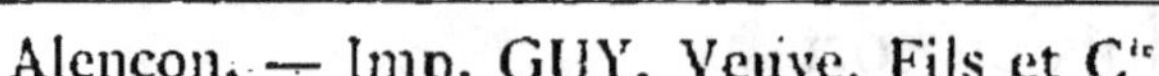

Alençon. — Imp. GUY, Veuve, Fils et Cie

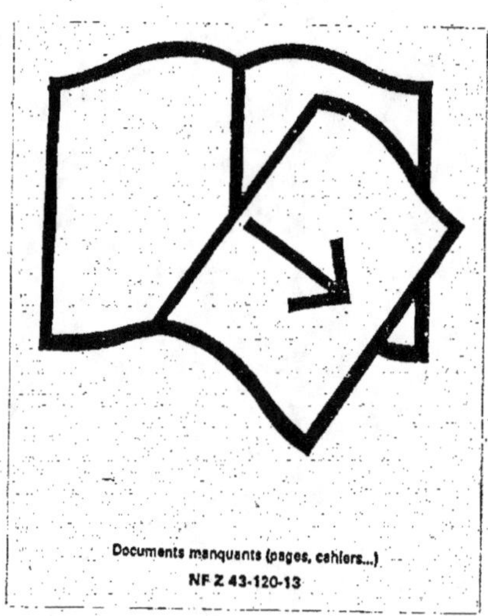

Documents manquants (pages, cahiers...)
NF Z 43-120-13